# BEI GRIN MACHT SICH IHR WISSEN BEZAHLT

- Wir veröffentlichen Ihre Hausarbeit,
  Bachelor- und Masterarbeit

- Ihr eigenes eBook und Buch -
  weltweit in allen wichtigen Shops

- Verdienen Sie an jedem Verkauf

Jetzt bei www.GRIN.com hochladen
und kostenlos publizieren

Stephanie Balke

# Die Gletscherzunge - Das Zehrgebiet: Moränen und Gletschertische

## Die Glazialmorphologie des Vorfelds

GRIN Verlag

**Bibliografische Information der Deutschen Nationalbibliothek:**

Die Deutsche Bibliothek verzeichnet diese Publikation in der Deutschen National-
bibliografie; detaillierte bibliografische Daten sind im Internet über http://dnb.d-
nb.de/ abrufbar.



**Impressum:**

Copyright © 2007 GRIN Verlag, Open Publishing GmbH
Druck und Bindung: Books on Demand GmbH, Norderstedt Germany
ISBN: 978-3-640-70614-3

**Dieses Buch bei GRIN:**

http://www.grin.com/de/e-book/157846/die-gletscherzunge-das-zehrgebiet-
moraenen-und-gletschertische

Eberhard Karls Universität Tübingen
Geographisches Institut
Hauptseminar „Glaziologie"

# Die Gletscherzunge- Das Zehrgebiet

Hauptseminararbeit erstellt von:
S.Balke

# Inhalt

# Abbildungsverzeichnis

Abbildung 0 (Deckblatt): Tschiervagletscher mit Nährgebiet (A), Gletscherzunge (B), Gletschertor (C), und Ufermoräne (D). Quelle: www.max-weishaupt-realschule.de/ek/ek047.htm (18.11.2006)

Abbildung 1: Ablationsgebiet des Glärnischgletschers.
Quelle: http://www.swisseduc.ch/glaciers/glossary/ablation-area-de.html, Luftaufnahme von J. Alean, 1982. (3.11.2006)

Abbildung 2: Entstehung von Gletscherspalten
Quelle: http://www.klimainfo.ch/fileadmin/user_upload/temp_downloads/Gletscher_web.pdf (28.10.2006)

Abbildung 3: Gletschertisch auf Vadret Pers, Berninagebiet, Schweiz. Foto J. Alean, August 2000
Quelle: http://www.swisseduc.ch/glaciers/glossary/glacier-table-de.html (14.11.2006)

Abbildung 4: Entstehung eine Sandkegels. Quelle: Eigenentwurf

Abbildung 5: Sandkegel auf dem Unteraargletscher, Berner Alpen, Schweiz. Foto J. Alean, 2005.
Quelle: http://www.swisseduc.ch/glaciers/glossary/dirt-cone-de.html (10.11.2006)

Abbildung 6: Kryokonitlöcher im Eis, Foto: Hans Oerter, 1993
Quelle:http://www.awi-bremerhaven.de/AWI/25JahreAWI/Erben_A-Wegener/Glaziologie/Fotogalerie-d.html (13.11.2006)

Abbildung 7: Büßerschnee am Agua Negra Pass, 30° S, 4760 m, Nord-Chile (Foto: SLF/B. Zweifel, Februar 1999). Quelle: http://wa.slf.ch/index.php?id=6646 (17.11.2006)

Abbildung 8: Schematische Darstellung eines glazialen Rundhöckers. Quelle: Strahler & Strahler, Phyische Geographie, 2. Auflage, Verlag Eugen Ulmer Stuttgart, S. 482. (nach A.N.

Strahler, The Earth Science, 2. edition, Harper & Row, Publisher. Copyright by Arthur N. Strahler)

## 1. Einleitung

Das Thema der vorliegenden Hausarbeit ist: die Gletscherzunge – das Zehrgebiet. Die erste Assoziation, die man mit diesem Thema hat, ist bestimmt die Ablation eines Gletschers im Zehrgebiet, das entweder die Gletscherzunge beinhaltet oder die Gletscherzunge bildet. Aber bei genauerem Hinsehen eröffnen sich unermesslich viele und große Themenkomplexe, die man unweigerlich in einer Hausarbeit über die Gletscherzunge behandeln muss. Von besonderer Bedeutung sind neben den verschiedenen Formen auf einem Gletscher auch diejenigen Strukturen, die vor einem Gletscher gebildet werden. Nicht nur im rezenten Bereich der Gletscher lassen sich Formen der Vergletscherung erkennen. Auch in Bereichen der eiszeitlichen Inlandvereisung, besonders in den Bereichen, die durch die Gletscherzunge geformt wurden, kann man bei intensiver Betrachtung ganze Landschaftskomplexe als glazial geprägt erkennen.

Die Seminararbeit soll dazu beitragen einen tieferen Einblick in die Prozesse, die auf und vor einem Gletscher stattfinden, und in die Formen, die von der Gletscherzunge gebildet werden oder auf ihr entstehen, zu bekommen. Zuerst werden einige wesentliche Begriffe definiert, anhand derer man einen ersten Überblick über das Themengebiet der Gletscherzunge erhalten soll. Im Folgenden werden die einzelnen Oberflächen- und Ablationsformen eines Gletschers beschrieben, die für das Verständnis des Gesamtsystems Gletscher von großer Bedeutung sind. Daraufhin wird auf die einzelnen Faktoren und Formen der Glazialmorphologie des Vorfeldes eingegangen, die nicht nur bei rezenten Gletschern, sondern auch bei der Vergletscherung im Pleistozän, eine wesentliche Rolle spielten. Neben der glazialen Erosion werden auch glaziale Akkumulationsformen angeführt. Abschließend werden außerdem die glazifluvialen Prozesse, Ablagerungen und Formen berücksichtigt, die neben der glazialen Gestaltung des Landschaftsbildes einen besonderen Stellenwert in der Morphologie vergletscherter Gebiete einnehmen.

Diese Arbeit wird sich ausschließlich mit Gletscherzungen von Talgletschern, dabei besonders mit solchen der Alpen, und mit der Inlandvereisung während des Pleistozäns beschäftigen.

## 2. Begriffserklärungen

### 2.1 Gletscherzunge- Zehrgebiet- Ablationsgebiet

„Die Gletscherzunge ist der untere, zum Zehrgebiet gehörende oder mit diesem identische, zungenförmig ausgebildete Teil von Talgletschern" (Lexikon der Geowissenschaften, Band 2: 336). Die Gletscherzunge ist zum größten Teil mit Schuttmassen (Moränenmaterial) bedeckt und von Gletscherspalten durchzogen (siehe Abb. 1). Da die Abschmelzung der Gletscherzunge besonders in den randlichen Gebieten stattfindet, hat sie eine gewölbte Gestalt (siehe Abb. 0). Im Bereich der Gletscherzunge kommen außerdem sub- und supraglaziale Schmelzwässer vor, die zur Ausbildungen charakteristischer Formen unter/ auf der Gletscherzunge führen (z.B. Gletschertor, Gletschermühle). Der Gebietsteil des Gletschers, in dem die Gletscherzunge liegt oder den sie bildet, wird als Zehrgebiet oder Ablationsgebiet bezeichnet. Im Zehrgebiet wird weniger Gletschereis gebildet als abgeschmolzen wird, das heißt die Ablation wirkt stärker als die Akkumulation. „An den niedriger [als das Akkumulationsgebiet, Anmerkung des Verfassers] gelegenen Gletscherzungen ist dagegen die Ablation höher, und in diesem Ablationsgebiet ist am Ende des Sommers das blanke Eis an der Gletscheroberfläche" (Lexikon der Geographie, Band 2: 358). Im Zehrgebiet finden sich kennzeichnende Ablationsformen, die im Folgenden noch detailliert dargestellt werden. „Idealtypisch gliedern sich temperierte Talgletscher etwa im Größenverhältnis zwei zu eins in ein Nährgebiet [...] und in ein Zehrgebiet [...]" (Lexikon der Geowissenschaften, Band 2: 332). Das Zehrgebiet wird vom höher gelegenen Nährgebiet oder Akkumulationsgebiet bezogen auf den Massenhaushalt durch die Gleichgewichtslinie getrennt. Dieser Begriff wird im Folgenden näher erläutert.

Abb. 1: Ablationsgebiet des Glärnischgletschers.

Quelle: http://www.swisseduc.ch/glaciers/glossary/ablation-area-de.html, Luftaufnahme von J. Alean, 1982. (3.11.2006)

## 2.2 Schneegrenze- Firnlinie- Gleichgewichtslinie

Als Schneegrenze bezeichnet man den Gebietsteil oder die Linie, die die ganzjährig schnee-bedeckten Gebiete von den schneefreien Gebieten trennt. Diese Grenze lässt sich auch mit der Wasserhaushaltsgleichung charakterisieren: $N_s + A = 0$; wobei $N_s$ den Niederschlag in Form von Schnee und A die Ablation beschreibt. Oberhalb dieser Grenze fällt also mehr Schnee als abschmelzen und verdunsten kann, das heißt $N_s + A > 0$; es kommt zu Schneeakkumulation und Konsolidierung zu Firn. Jenseits der Schneegrenze verdunstet der Niederschlag; $N_s + A < 0$.

Auf Gletscher bezogen lässt sich feststellen, dass die Schneegrenze aufgrund der höhe-ren Albedo-Werte (im Vergleich zur gletscherfreien Umgebung) und des kühlenden Effekts des Gletschers „um Beträge bis zu 100m tiefer" (KLEBELSBERG, 1948: 31) liegt. Aller-dings finden sich nach WILHELM (1975) auch Beträge bis zu 1300 m (im Nord Tienschan). Aus diesen unterschiedlichen Werten wird ersichtlich, dass für die Abgrenzung auf Glet-schern ein anderer Begriff verwendet werden muss. Deshalb wird die Schneegrenze auf Glet-schern als Firnlinie bezeichnet. Ihre Ausprägung ist wesentlich deutlicher als die der Schnee-grenze (siehe Abb. 1). Die Firnlinie ist die sichtbare Grenze zwischen Nährgebiet (Akkumula-tionsgebiet) und Zehrgebiet (Ablationsgebiet). Sie ist „die Grenze zwischen körnigem Firn, also metamorph verändertem Schnee, der mindestens eine Ablationsperiode überdauert hat, und der Eisphase an der Gletscheroberfläche" (WILHELM, 1975: 96).

Die Firnlinie ist wiederum von der Gleichgewichtslinie zu unterscheiden. Die Gleichgewichtslinie trennt Bereiche mit positiven Massenbilanzwerten (Massenzuwachs) von Bereichen mit negativen Massenbilanzwerten (Massenverlust). Die Firnlinie kann mit der Gleichgewichtslinie zusammenfallen, was aber nicht zwingend notwendig ist. Da die Gleichgewichtslinie eine Massenhaushaltsgrenze ist, trennt sie Bereiche, in denen sich die Massenbilanz umkehrt. Zwischen den beiden Grenzen kann es aufgrund der Anomalie des Wassers vorkommen, dass sich eine Zone mit aufgefrorenem Schmelzwassereis bildet, die superimposed ice zone.

## 3. Oberflächenformen

### 3.1 Gletscherspalten

Gletscherspalten sind Oberflächenformen eines Gletschers, die aufgrund von Scherspannungen[1] im Eis entstehen. Der Gletscher bewegt sich in größeren Eistiefen mehr oder weniger plastisch über den unregelmäßigen Untergrund. Das auflagernde Eis ist aufgrund des nicht vorhandenen Drucks von anderen Eismassen spröde. Da die komplette Eisschicht nicht als Einheit fungiert, sondern einzelne Gletscherpartien eine höhere Fließgeschwindigkeit besitzen (die Gletschergeschwindigkeit nimmt an den Rändern und in der Tiefe ab, da die Reibung in diesen Bereichen zunimmt), treten an Reibungsflächen, die mit denen der Transformstörungen bei Plattengrenzen verglichen werden können, Scherspannungen im Eis auf. Wird die Scherfestigkeit, also die maximale Belastbarkeit der Grenzflächen, überschritten, lösen sich die Scherspannungen, das Eis reißt oberflächig auf und Gletscherspalten entstehen. Dieser Prozess wird mit kleinen Haarrissen eingeleitet, die sich vergrößern und im Endstadium oft Gletscherspalten mit eine Tiefe von ca. 30 m bilden (Vgl. SUGDEN, 1976: 74ff). „Gletscherspalten treten besonders häufig auf a) an Gefällsversteilungen in Form von Querspalten [...], b) zum Gletscherrand hin als Randspalten, bei reibungsbedingten Fließgeschwindigkeitsunterschieden, c) nach dem Passieren von Engstellen als Längsspalten, im Rahmen verstärkter Querbewegungen und d) am divergierenden Gletscherende als Radialspalten" (Lexikon der Geowissenschaften, Band 2: 335)

### a) Querspalten

Querspalten verlaufen senkrecht zur Bewegungsrichtung des Gletschers und kommen an Stellen des Gletschers vor, an denen die Bewegungsgeschwindigkeit des Gletschers durch das aufliegende Eis nicht ausgeglichen werden kann. Dies ist oft an Stellen, an denen der Gletscher eine konvexe Form bildet, also an Stellen mit Gefällszunahme (z.B. bei einem Eisfall), der Fall. „Die Querspalten bevorzugen die rascher bewegten mittleren Stromteile. Nach den Randteilen hin keilen sie meist aus [...]" (KLEBELSBERG, 1948: 96). Die unteren Eismassen werden beim Überschreiten einer Steilstufe zusammengedrückt, die oberen Eismassen werden auseinander gezerrt, da die Scherspannungen nicht mehr ausgeglichen werden können. Die Spaltenbildung reagiert schon bei kleinsten Gefällsverstärkun-

---

[1] Als Scherspannung bei einem Gletscher wird die Spannung bezeichnet, die aus einer Querverschiebung (= Scherung) erfolgt. Dabei ist die Scherspannung $\tau$ das Verhältnis der Scherkraft F zur Fläche A.
Quelle: http://www.stud.fh-hannover.de/~schrewe/Physik_2_Work/Physik_2_PPT_97/sld016.htm

gen, weshalb sich die Spalten über den gesamten Abschnitt der Stufe ziehen. Nach Überwinden der Steilstufe schließen sie sich wieder, da der Untergrund erneut eine mehr oder weniger ebene Fläche bildet und somit der Druck des Eises dazu führt, dass die aufgezerrten Eismassen zusammengepresst werden. Die Oberfläche wirkt nach dem Überwinden der Steilstufe besonders im Zehrgebiet oft heller, weil Fremdmaterial aus auflagerndem Moränenmaterial in die Spalten fällt und nach dem Schließen der Spalten dort „verschwunden" bleibt. Wenn der Gletscher über eine sehr steile Kante fließt, reißen die Querspalten oft so weit auf, dass sich hohe Eistürme (Séracs) bilden, die oft abbrechen. Deshalb wird dieses Szenario auch als Eis-/ Gletscherabbruch bezeichnet[2] (z.B. der Khumbu Eisbruch am Mount Everest).

**b) Randspalten**

Randspalten bilden sich an den Rändern von Gletschern, an denen die Fließgeschwindigkeit infolge der Reibung an den Seitenwänden geringer ist. Es gibt also einen Geschwindigkeitsunterschied zwischen den Eismassen am Gletscherrand und denen in der Gletschermitte. „In dem rascher bewegten mittleren Stromstreifen ist eine starke Zugspannung nach vorne gerichtet, vom Talhang her wirkt ungefähr rechtwinkelig dazu die Reibung. Als Interferenzerscheinung in der Resultierenden verlaufen die Spalten in einem Winkel von ungefähr 45° (untere Grenze 30°) von den Rändern stromein- und aufwärts und keilen gegen die Strommitte hin aus" (KLEBELSBERG, 1948: 97).

**c) Längsspalten**

Längsspalten treten nach dem Durchlaufen von Engstellen auf. Das Gletscherbett vergrößert sich hier, weshalb es zu einer Ausgleichsbewegung oder zum Ausufern der Gletschermasse kommt. Die Oberfläche des Gletschers kann sich hier also seitlich ausdehnen. Durch die seitliche Ausdehnung entstehen seitlich gerichtete Zugspannungen, die nach Überschreiten der maximalen Spannungsbelastung auf das Eis dazu führen, dass sich parallel zur Hauptbewegungsrichtung des Gletschers Längsspalten bilden. Verengt sich das Gletscherbett wieder, schließen sich die Spalten, da die Zugbewegung nach außen nicht mehr vorhanden ist. Längsspalten können auch entstehen, wenn die Eismasse über einen Felsrücken fließt. Auch hierbei kommt es zu einer Ausdehnung der oberen Eisschicht, da

---

[2] Vgl. http://www.schweizerseiten.ch/gletscherspalten.htm

sich die Fläche des überflossenen Untergrunds vergrößert (Vgl. KLEBELSBERG, 1948: 97)

**d) Radialspalten**

An der Gletscherzunge, wo sich das Eis ausbreiten kann, entstehen ähnlich zu den Längsspalten die Radialspalten. Sie werden ebenfalls durch das Ausufern des Gletschereises gebildet. Die Radialspalten verlaufen um die gesamte Gletscherzunge und sind zur Gletschermitte hin gerichtet.

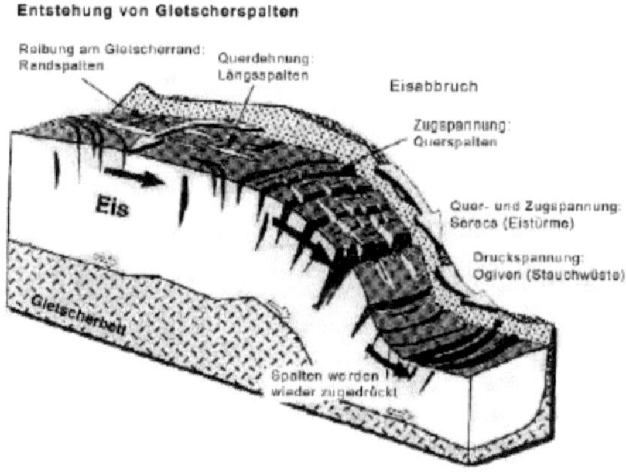


Abb. 2: Entstehung von Gletscherspalten
Quelle: http://www.klimainfo.ch/fileadmin/user_upload/temp_downloads/Gletscher_web.pdf (28.10.2006)

**3.2 Ablation**

Die Ablation eines Gletschers funktioniert im Großen und Ganzen durch Energieaufnahme und Phasenumwandlung. Die Energie aus der Umgebung wird vom Gletschereis aufgenommen und für die Phasenumwandlung von Eis zu Wasser bei Temperaturen um den Gefrierpunkt eingesetzt. Ablationsprozesse sind im Wesentlichen durch Einstrahlung bedingt, jedoch spielen in vielen Situationen auch andere Parameter eine große Rolle. Die Lufttemperatur ist in tieferen Lagen von Bedeutung, da sie mit der Höhe generell abnimmt. Stellt man die beiden Parameter Strahlung und Lufttemperatur gegenüber, lässt sich feststellen, dass die Rolle der Sonnenstrahlung mit der Höhe zunimmt. Klebelsberg gibt hierzu folgende Werte an: auf 100 m nimmt die Rolle der Sonnenstrahlung um 0,005 – 0.01 Kalorien pro Quadratzentimeter und

Minute zu (vgl. Klebelsberg, 1948: S.100). Bei Alpengletschern beobachtete H. MAURER (1914) einen Anteil der Sonnenstrahlung von 65 – 70 % an der gesamten Schmelze. Generell lässt sich beobachten, dass an wolkenfreien und heißen Sommertagen die Menge der Schmelzwässer am höchsten ist. Dies lässt darauf schließen, dass der Höchststand der Schmelze an einem Frühsommertag um die Mittagszeit erreicht wird, da die Strahlungsintensität (die Energie pro Flächeneinheit) aufgrund des Sonnenhöchststandes ihr Maximum erreicht hat. Tatsächlich findet das Abflussmaximum im Hochsommer in der ersten Augusthälfte statt. Dies erklärt sich über die unterschiedlichen Albedo- Werte von hellen, glatten und dunklen, zerklüfteten Eisoberflächen. Eine helle Eisoberfläche, die mit Schnee bedeckt ist, wie sie im Frühsommer existiert, kann weniger Energie von außen absorbieren als eine Dunkle, schon oberflächig Abgeschmolzene, bei der das Moränenmaterial an der Oberfläche ansteht und deren Absorptionswerte um das 4- bis 5- fache höher liegen (Vgl. SLUPETZKY, 2005: 44).

Bei Gletschern in höheren Breiten sinkt der Anteil der Einstrahlung an der Gesamtschmelze aufgrund des Tieferreichen der Gletscher, und andere Faktoren, die die Schneeschmelze beeinflussen, treten in den Vordergrund. Die weiteren Parameter, die beim Abschmelzen von Bedeutung sind, sind neben der Lufttemperatur und der Strahlung vor allem die Kondensation der feuchten Luft, bei der Kondensationswärme freigesetzt wird, und die zum Schmelzen des Eises führt, der Regen, die Luftfeuchtigkeit und der Wind.


## 3.3 Ablationsformen

Im Folgenden werden die verschiedenen Ablationsformen, die im Bereich der Gletscherzunge vorkommen, beschrieben. Es wird in Anlehnung an WILHELM (1975) zwischen Formen der bedeckten Ablation und Formen der freien Ablation unterschieden, wobei die Formen der bedeckten Ablation weiter in Voll- und Hohlformen unterteilt werden.


### 3.3.1 Formen der bedeckten Ablation

Die Formen der bedeckten Ablation entstehen durch Auflagen von Fremdkörpern auf dem Eis des Zehrgebiets. Gesteine, Schutt- oder Sandauflagen und Schlamm stellen solche Fremdkörper dar. Sie lassen sich in Voll- und Hohlformen gliedern. Die Entstehung dieser beiden Formen ist abhängig von der Mächtigkeit des aufliegenden Schuttes. Untersuchungen von I.Y. ASHWELL und F.G. HANNEL, 1966 (aus WILHELM, 1974) haben gezeigt, dass Eisformen mit einer Gesteinsmehlbedeckung zwischen 2 und 5 mm zu der Entstehung einer Hohlform führen. Die Bedeckung erwärmt sich aufgrund des niedrigeren Albedo- Wertes (das Rückstrahlvermögen der Bedeckung ist geringer als das des Eises) und der spezifischen Wärmeleitfähigkeit stärker als die Eisfläche. Die Erwärmung führt zu einem Einschmelzen, woraus eine Tieferlegung des ursprünglichen Niveaus resultiert. Deshalb entstehen an diesen Stellen der bedeckten Ablation Hohlformen. Schon ab einer Auflage von 10 bis 25 mm wurde die Abschmelzung durch die isolierende Wirkung der Bedeckung verzögert, da die größeren Auflagen einen Strahlungsschutz für die Eisschicht bieten. Zu den Vollformen gehören Gletschertische und Sandkegel. Hohlformen sind zum Beispiel  Kryokonitlöcher (Vgl. WILHELM, 1975: 62). Im Folgenden werden zuerst die Vollformen, danach die Hohlformen beschrieben.

### 3.3.1.1 Gletschertische

Gletschertische sind die wohl „bekanntesten Einzelformen der Gletscheroberfläche im Abschmelzgebiet" (KLEBELSBERG, 1948: 127). Sie entstehen durch die Auflage eines größeren Gesteinsblocks oder einer Gesteinsplatte. Beim sommerlichen Abschmelzen bleibt das Gestein auf dem Eis liegen, welches im Gegensatz zur Umgebung durch den isolierenden Schutz der Auflage langsamer abschmilzt. Das Gestein bleibt also auf dem ehemaligen Gletscherniveau. Gletschertische erreichen eine Höhe zwischen 2 und 4 Metern. Die höheren Formen finden sich aufgrund des steilen Strahlungseinfalls der Sonnenstrahlen in den subtropischen Gebieten. In den subpolaren Breiten ist die Gesteinsauflage generell in Richtung des Sonnenstandes geneigt, da die Sonnenstrahlen durch die Schrägstellung der Erde hier nicht senkrecht auftreffen. Der Fuß des Gletschertischs wird also schneller geschmolzen als seine Umgebung. Dadurch kommt es zu der genannten Neigung des Gesteins (siehe Abb. 3), das schlussendlich dem Gesetz der Schwerkraft folgend abrutscht. Ein Gletschertisch ist demnach eine strahlungsbedingte Form und kann durch Warmluftzufuhr (z.B. bei Föhn) zerstört werden.

Nach dem Abrutschen des Gesteins bleibt es an Ort und Stelle liegen und kann beim winterlichen Vorstoß des Gletschers wieder vom Eis aufgenommen werden. Im darauf folgenden Sommer kann ein neuer Gletschertisch entstehen. Durch diesen zyklischen Ablauf der Wiederaufnahme kann bei langfristigen Beobachtungen auch die Gletschergeschwindigkeit verfolgt werden.

Abb. 3: Gletschertisch auf Vadret Pers, Berninagebiet, Schweiz. Foto J. Alean, August 2000

Quelle: http://www.swisseduc.ch/glaciers/glossary/glacier-table-de.html (14.11.2006)

### 3.3.1.2 Sandkegel/ Ablationskegel

Ein Sandkegel oder auch Ablationskegel ist eine dem Gletschertisch verwandte Form der bedeckten Ablation. Wie auch beim Gletschertisch verhindert eine Auflage, die bei dieser Form aus Schluff und Sand besteht, das Abschmelzen des darunter liegenden Eises (Abb. 4, Bild A). Das Material der Auflage kommt hierbei oft an Scherflächen der Gletscherzunge zu Tage und besteht an diesen Stellen zum größten Teil aus Grundmoränenmaterial. Es kann auch durch oberflächige Schmelzwässer zusammengetragen werden, die das Material in kleineren Senken ablagern. Wenn nun im Sommer die Umgebung abschmilzt und sublimiert, bleibt die mit Schluff und Sand bedeckte Stelle auf dem ehemaligen Niveau (Bild B), da die Auflage das darunter befindliche Eis vor Insolation schützt. Dabei rutschen die Sandkörner wiederholt ab (Bild C), da die randlichen Bereiche abschmelzen, was zur Ausbildung der typischen Kegelform führt (Bild D). Wird die Sedimentschicht auf dem Ablationskegel zu dünn, kann das eingeschlossene Eis abschmelzen und der Kegel fällt ein. Sandkegel treten gehäuft in Bereichen auf, in denen sich eine große Deckschicht ausgedehnt hat, zum Beispiel an Scherflächen an Mittelmoränen besonders in den Randgebieten des Gletschers[3].

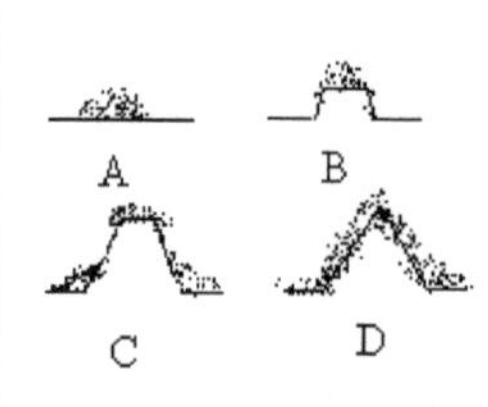


Abb. 4: Entstehung eine Sandkegels. Quelle: Eigenentwurf

Abb. 5: Sandkegel auf dem Unteraargletscher, Berner Alpen, Schweiz. Foto J. Alean, 2005.
Quelle: http://www.swisseduc.ch/glaciers/glossary/dirt-cone-de.html (10.11.2006)

### 3.3.1.3 Kryokonitlöcher

Kryokonitlöcher sind Formen der bedeckten Ablation, die, im Gegensatz zu Gletschertischen und Sandkegeln, zu den Hohlformen zu zählen sind. Eine dünne, dunkle Schutt-/ Sand- oder Schlammansammlung an der Oberfläche kann dadurch, dass sie sich rasch erwärmt, das unterliegende Eis schmelzen. Im Falle der Kryokonitlöcher absorbiert der dispers verteilte,

---

[3] Vgl. http://www.swisseduc.ch/glaciers/glossary/dirt-cone-de.html

dunkle Schlamm die Sonnenstrahlung und gibt die Wärme an das Eis ab, was zur Abschmel-
zung in diesem Bereich führt, obwohl die Lufttemperaturen unter Null Grad Celsius liegen.
Die Schmelzung erfolgt senkrecht und schafft „Röhren im Eis mit einem lichten Durchmesser
von 1 bis 10 cm und einer Tiefe von maximal 1 m" (WILHELM, 1975: 64), die teilweise mit
Wasser gefüllt sind. Der Schlamm sinkt mit dem Einschmelzen tiefer und bildet somit den
Grund der Röhren, der über eine Abschmelzperiode gesehen immer tiefer wird, da die dunkle
Schicht auch noch durch das Eis hindurch die Wärmestrahlen der Sonne absorbieren kann.
Allerdings wird die Strahlung mit zunehmender Tiefe geringer, weshalb die Kryokonitlöcher
selten über 60 cm tief sind. Die Schmelzgrenze, die von Kryokonitlöchern nicht überschritten
werden kann, nennt E. v. DRYGALSKI (1897) Kryokonithorizont (Vgl. WILHELM, 1975:
62-64)

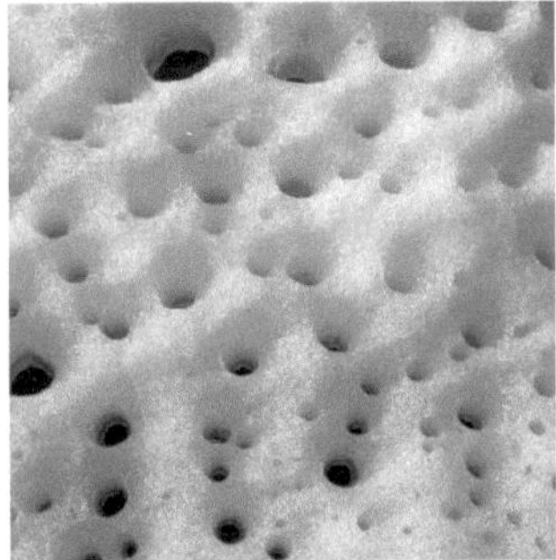

Abb. 6: Kryokonitlöcher im Eis, Foto: Hans Oerter, 1993
Quelle:http://www.awi-bremerhaven.de/AWI/25JahreAWI/Erben_A-Wegener/Glaziologie/Fotogalerie-d.html
(13.11.2006)

### 3.3.2 Formen der freien Ablation

Bei den Formen der freien Ablation handelt es sich um Formen, deren Schmelzvorgänge nicht
von Auflagen von natürlichen Fremdkörpern abhängig sind, sondern sich ohne Einfluss von
Oberflächenbedeckung frei entwickeln. Eine große Rolle spielen die Sonneneinstrahlung, der
Abfluss von oberflächigen Schmelzwässern und Dichteunterschiede im Eis. Oft wirkt das
Füllwasser dieser Formen weiter ausschürfend, da es aufgrund der höheren Temperatur ab-
sinkt und somit die Schmelzlöcher vergrößert (vgl. KLEBELSBERG, 1948: 131)

### 3.3.2.1 Mittagslöcher

Mittagslöcher sind Schmelzschalen auf der Gletscheroberfläche, die eine typische Halbkreis-
form einnehmen und maximal bis zu 50 cm tief werden. Die konvexe Seite der Schmelzscha-

le, die tagsüber mit Wasser gefüllt ist, ist auf der Nordhemisphäre aufgrund der mittäglichen Sonneneinstrahlung nach Norden gerichtet. Die Form der Mittagslöcher folgt also „der wechselnden Intensität der Einstrahlung im Laufe des Tages" (WILHELM, 1976: 164). Durch diese typische Form können die Mittagslöcher als Orientierungsparameter auf einem Gletscher genutzt werden.

In der Literatur werden die Mittagslöcher teilweise den Kryokonitlöchern gleichgesetzt, da ihre Entstehungsgeschichte nicht eindeutig geklärt ist. Man vermutet allerdings, dass die Mittagslöcher durch Abschmelzung bestimmter Gletscherpartien infolge von Dichte und Rückstrahlungsintensitätsunterschieden entstehen, und dass das Füllwasser der Formen weiter ausschürfend wirkt.

### 3.3.2.2 Reid'sche Kämme

Eine weitere Ablationsform der freien Ablation sind die Reid'schen Kämme. Diese Form entsteht durch das unterschiedliche Reflexionsverhalten von Blau- und Weißeis. Das Blaueis besteht aus dichtem, luftarmen Eis, das Weißeis aus mit Lufteinschlüssen versetztem Eis. Blaueis absorbiert wesentlich mehr Strahlungsenergie als Weißeis. Deshalb können die Blaublätter (der Schichtung nach benannt) schneller abschmelzen als Weißblätter. Wenn nun die verschiedenen Eisschichten senkrecht stehen, werden die Blaublätter geschmolzen und übrig bleiben Erhöhungen aus Weißeis, die man auch Reid'sche Kämme nennt (Vgl. WILHELM, 1975: 65).

### 3.3.2.3 Büßerschnee – Penitentes

Der Büßerschnee (oder Nieve de los Penitentes) erhält seinen Namen von seiner gebeugten Form, die an die Büßer in weißen Hemden während der Osterprozession in Spanien erinnert. Diese Ablationsform findet sich vollständig ausgebildet nur in subtropischen bis kontinentalen Gebirgsregionen, da folgende Voraussetzungen für ihre Entstehung vorhanden sein müssen: hohe Strahlungsenergie und geringe Luftfeuchte. „Büßerschnee besteht aus regelmäßig in ungefähr Ost- West- Richtung verlaufenden Reihen angeordneten, gegen die einfallenden Strahlen der Sonne geneigte Schnee- oder Eispyramiden, bzw. Zacken und Pfeiler" (WILHELM, 1975: 66). Die während der feuchten Jahreszeit gebildete Schneedecke oder die Eisoberfläche wird in der Trockenzeit der intensiven Sonneneinstrahlung ausgesetzt. Es entstehen durch selektive Ablation, das heißt der Schnee oder das Eis wird aufgrund feiner Unterschiede zum Beispiel in der Härte oder in der Widerstandsfähigkeit von Eis und Firn an der Schneeoberfläche in unterschiedlicher Stärke abgeschmolzen oder sublimiert, die charakteristischen Zacken oder Pfeiler. Die Höhe des Büßerschnees ist abhängig vom Sonnenhöchst-stand. „L. Lliboutry (1964) beobachtete im Hochwinter in den chilenischen Anden Penitentes von 8 cm, im Oktober von 15 cm. Diese Kleinformen, die nach einigen Schönwettertagen mit geringer Luftfeuchtigkeit und tiefen Temperaturen auch in den Alpen auftreten können, nennt er Mikropenitentes. Aber schon im November erreichen sie Höhen von 50 cm, die bis Januar auf 1 m und mehr anwachsen" (WILHELM, 1975: 66). Generell gilt, dass die Höhe von Bü-ßerschnee aus Schnee durch das jährliche Angebot des festen Niederschlags begrenzt wird und die Höhe von Büßerschnee auf Gletschern auf die Eismenge begrenzt ist. Das bedeutet, dass die Höhe der Penitentes mit dem Erreichen des Sonnenhöchststandes zunimmt und mit dem Übergang zur kalten Jahreszeit abnimmt. Dabei ist essentiell, dass die Zacken während des gesamten Entstehungsprozesses hart und trocken bleiben (vgl. WILHELM, 1975: 66 f). Würde es zu einem Anstieg der Luftfeuchte oder Warmlufteinbrüchen kommen, würde der Büßerschnee Schmelzpunkttemperaturen erreichen und die Standfestigkeit der Vollformen würde nachlassen, da die Fließfähigkeit zunehmen würde. Deshalb findet man gut ausgebilde-ten Büßerschnee nur in Gebieten mit geringer Luftfeuchte.

Abb. 7: Büßerschnee am Agua Negra Pass, 30° S, 4760 m, Nord-Chile (Foto: SLF/B. Zweifel, Februar 1999). Quelle: http://wa.slf.ch/index.php?id=6646 (17.11.2006)

## 4. Glazialmorphologie des Vorfeldes

Die Glazialmorphologie befasst sich mit den typischen Landformen, die durch die Erosion des Gletschers entstehen. Jeder Gletscher wirkt durch die Aufnahme von Lockermaterial auf den felsigen Untergrund abschleifend ein, was zur Ausbildung der typischen Landformen führt. Außerdem wirken sich unterschiedliche Druckverhältnisse innerhalb des Gletschers auf die charakteristische Formung des Untergrunds aus, was im Folgenden näher erläutert wird.

### 4.1 Glaziale Erosion

Die Erosion in einem vergletscherten Gebiet ist laut ZEPP (2003) „auf zwei Prozesse zurückzuführen":

(1) „[…] das fließende Eis übt eine Schubspannung auf den Untergrund aus. Das Verhältnis von Schubspannung zu Scherfestigkeit (Widerstandsfähigkeit) des überfahrenen Materials sowie die Schuttführung der Gletscherbasis bestimmen hauptsächlich die Abtragungsrate." Das bedeutet: je widerstandsfähiger das überfahrene Material ist, desto geringer ist die Abtragungsrate. Außerdem: je höher die Schuttführung des Gletschers, desto höher ist die Abtragungsrate.

(2) „Daneben sind am Grunde des Gletschers fließende Schmelzwässer, die häufig unter hydrostatischem Druck stehen, an der Erosion beteiligt (subglaziale Erosion)." Subglaziale Schmelzwässer bearbeiten den Untergrund und wirken abtragend auf ihn ein.

ZEPP (2003) führt folgende Gleichung für die Schubspannung, die durch das bewegte Gletschereis entsteht, an:

$$\tau = (\rho \cdot g \cdot h - b) \cdot \tan \varphi,$$

wobei: $\tau$ = Schubspannung (N/m²)

$\rho$ = Dichte des Eises (kg/m³)

$g$ = Schwerebeschleunigung (m/s²)

$h$ = Eismächtigkeit (m)

$b$ = Wasserdruck an der Gletscherbasis im Untergrund (N/m²)

$\varphi$ = Winkel der inneren Reibung (im Untergrundmaterial)

Aus dieser Formel lässt sich erkennen, dass die Schubspannung wächst, wenn die Eismächtigkeit oder der Winkel der inneren Reibung größer wird, und dass sie sinkt, wenn Schmelzwässer zwischen Gletscher und Untergrund vorhanden sind.

Im Folgenden wird genauer auf die Erosionsarbeit und die daraus entstandenen Formen eingegangen.

### 4.1.1 Detersion und Detraktion

Gletscher nehmen Lockermaterialien des Untergrunds auf und transportieren dieses als Untermoräne über die gesamte Gletscherfläche (am Untergrund). Das aufgenommene Material hat eine abschleifende und glättende Wirkung auf den Felsuntergrund. Dies geschieht besonders an der der Eisbewegung zugewandten Stoßseite von Erhebungen des Felsuntergrunds (Vgl. AHNERT, 2003: 360). Dieser Prozess des Abschleifens wird entweder als Gletscherschliff oder auch als Detersion (von lat. detergere= abwischen) bezeichnet. Durch die Bewegung des Gletschers, der an der Unterseite oft auch größere Steine aufnimmt und mitführt, wird der Untergrund stark bearbeitet. Die mitgeführten Steine erzeugen so genannte Gletscherschrammen, die nach Abschmelzen des Gletschers ein Orientierungsparameter für dessen ehemalige Bewegungsrichtung sind.

Auf der von der Bewegungsrichtung des Gletschers abgewandten Leeseite von Erhebungen ist die Detraktion (von lat. detrahere= abziehen) der kennzeichnende Erosionsprozess. Dabei wird Blockschutt, der zuvor durch Regelation[4] oder Frostverwitterung entstanden ist, in den Gletscher aufgenommen und als Untermoräne mitgeführt.

### 4.1.2 Rundhöcker

Eine häufig anzutreffende Form der Glazialerosion sind die Rundhöcker. Dies sind von Eis überfahrene und geformte Felsbuckel. Sie entstehen durch den Prozess der Regelation, der bereits beschrieben wurde. Ihre charakteristische asymmetrische Form erhalten sie durch Detersion und Detraktion. Der glatt gerundeten und von Gletscherschrammen überzogenen Oberfläche der Stoßseite (Detersion) steht eine steile, kantige und schroffe Leeseite (Detraktion) gegenüber (siehe Abb. 8). Rundhöcker findet man besonders häufig in den Gebieten der pleistozänen Inlandvereisung z.B. in Skandinavien. Ein eindrucksvolles Beispiel für eine Rundhöckerlandschaft bietet sowohl die Ostküste Schwedens als auch die Südküste Norwegens; hier an der Schärenküste finden sich marin überprägte Rundhöckerlandschaften, die während der pleistozänen Vergletscherung entstanden sind.

---

[4] Bei hohem Druck (z.B. an Hindernissen an der Unterseite des Gletschers) auf den Untergrund wird der Druckschmelzpunkt verändert und das anstehende Eis kann schmelzen; nachdem das Hindernis überwunden wurde, löst sich der Druck schlagartig und das geschmolzene Eis gefriert wieder; beim Prozess des erneuten Gefrierens werden Gesteinsmaterialien heraus gebrochen (=Detraktion).

Abb. 8: Schematische Darstellung eines glazialen Rundhöckers. Quelle: Strahler & Strahler, Phyische Geographie, 2. Auflage, Verlag Eugen Ulmer Stuttgart, S. 482. (nach A.N. Strahler, The Earth Science, 2. edition, Harper & Row, Publisher. Copyright by Arthur N. Strahler)

Abb. 9: Rundhöcker bei Weiher- Nagelfluh, Allgäu.
Quelle: http://www.geologie.uni-freiburg.de/root/people/ulmer/ries/juni96/fotos96.html (5.11.2006)

### 4.1.3 Felsbecken

Die glaziale Erosion ist auch verantwortlich für die Ausbildung der so genannten Felsbecken. Sie entstehen durch lokale Unterschiede in der Bewegungsgeschwindigkeit des Eises und in der Widerstandsfähigkeit des Gesteins. Der Untergrund wird von der glazialen Erosion bearbeitet und ausgeschürft, so dass die kennzeichnenden Hohlformen entstehen. Oft füllen sich die Felsbecken nach Abschmelzen des Eises mit Wasser und es entstehen Felsbeckenseen. Der Lago Maggiore im Tessin ist ein Beispiel für solch einen See. Aber auch in Kerngebieten der pleistozänen Inlandeismassen, wie z.B. in Mittelschweden und zentralen Teil des Lauren-

tischen Schildes in Kanada, finden sich Felsbeckenseen, die aufgrund des felsigen Untergrunds lange erhalten bleiben und selten verlanden (Vgl. AHNERT, 2003: 360f).

## 4.2 Glazialer Transport

Ein Gletscher kann, bedingt durch die Gletscherbewegung, Schuttmaterialien, die bei der glazialen Erosion entstehen oder, besonders bei Gebirgsgletschern, von den umliegenden Hängen
durch Denudationsprozesse auf dem Gletscher landen, transportieren. Das Material kann entweder über Gletscherspalten, Scherflächen und Überdeckung von Neuschneedecken ins Innere des Gletschers gelangen und intraglazial (in Abbildung 10 als englacial transport bezeichnet) mitgeführt werden oder durch Prozesse der Detersion und Detraktion an der Gletscherun-
terfläche (subglazialer Transport = basal transport) aufgenommen und transportiert werden
oder durch Frostverwitterung und damit verbundenem Gesteinsabstürzen von den umliegenden Hängen supraglazial (auf dem Gletscher) verfrachtet werden.

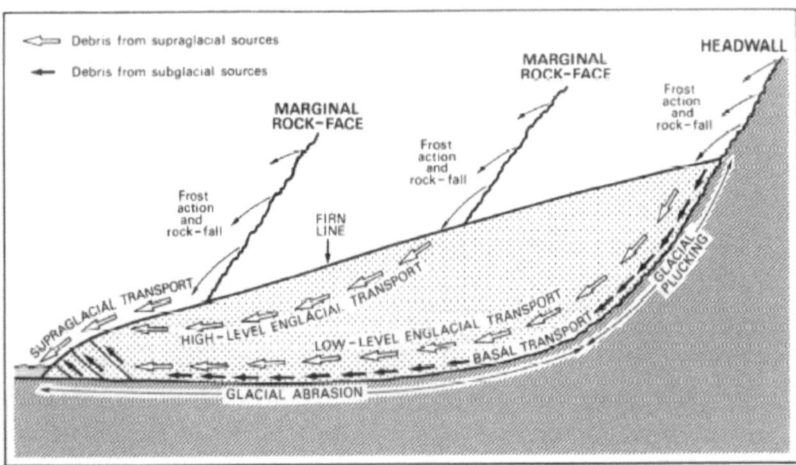


Abb. 10: Das glaziale Transportsystem.

Quelle: Gurnell A.M. & M.J. Clark (1987): Glacio-Fluvial Sediment Transfer, An Alpine Perspective, Chi-
chester: S. 112.

## 4.3 Moränen

Der Begriff „Moräne" stammt von dem französischen Wort „moraine" und bedeutet übersetzt
Geröll. Er „bezieht sich auf vom Gletscher mitgeführten bzw. abgelagerten Gesteinsschutt"
(AHNERT, 2003: 364). AHNERT verweist auf die verschiedene Anwendung des Moränen-

begriffes. Mit dem Begriff Moränen werden zunächst Schotterablagerungen auf oder im Gletscher gekennzeichnet. Außerdem verwendet man den Begriff für abgelagertes Material, „das auch lange nach dem Ende der Vergletscherung die Landoberfläche bedeckt" (AHNERT, 2003: 364) und für die Oberflächenformen, die aus dem abgelagerten Moränenmaterial entstehen. Das Moränenmaterial von reliefuntergeordneten Gletschern stammt aus Steinschlägen, Lawinen, und Bergstürzen, die von den höhergelegenen, den Gletscher umrandenden Bergflanken stürzen, aus Frostverwitterung, und aus der Erosionsarbeit des Gletschers am Untergrund. Je nach Lage im oder vor dem Gletscher lassen sich verschiedene Moränentypen unterscheiden (Vgl. AHNERT, 2003: 364 ff).

### a)  Grundmoräne/ Untermoräne

In der Literatur wird der Begriff Grundmoräne sowohl für das an der Sohle vom Gletscher mitgeführte Schottermaterial, als auch für die Geländeform (Grundmoränenlandschaft), die durch das vom Inlandeis im Pleistozän transportierte und abgelagerte Moränenmaterial gebildet wurde, verwendet. Zu beachten ist, dass bei der erwähnten Geländeform nicht nur Material der ehemals unter dem Gletscher mitgeführten Moräne abgelagert wird, sondern dass die Grundmoränenlandschaft aus allen abgelagerten Moränentypen besteht. Zur besseren Unterscheidung der beiden Moränentypen wird das unter dem Gletscher transportierte Material im Folgenden als Untermoräne bezeichnet. Im Folgenden wird zuerst auf die Untermoräne eingegangen, später auf die Geländeform.

Die Untermoräne enthält das Material, das vom Gletscher an der Gletschersohle durch glaziale Erosion (siehe 4.1) aus dem Untergrund gearbeitet wurde, und solches von aufliegendem Moränenmaterial, das durch Gletscherspalten dem Gletschergrund zugeführt wurde. Die Korngrößen des Materials der Untermoräne sind nicht homogen. Es lagern größere Gesteinsstücke, fein verarbeiteter Gesteinsstaub und Gesteine mittlerer Korngröße ungeschichtet nebeneinander. Große Gesteinsblöcke sind in der Untermoräne selten, da sie „schon ursprünglich nicht so leicht unter den Gletscher hineingeraten" (KLEBELSBERG, 1948: 158), und da sie, sollten sie den Untergrund doch erreichen, durch den hohen Druck der aufliegenden Eismasse schnell verarbeitet werden. KLEBELSBERG gibt für Alpengletscher Druckverhältnisse von $2 - 4$ t/dm² an. Das Material, das diesem Druck über einen längeren Zeitraum ausgesetzt ist, wird besonders stark strapaziert. Weniger widerstandsfähige Gesteine werden vom Gletscher schnell ist feinstes Material (Gesteinsmehl) verarbeitet. Widerstandsfähige Gesteinspartikel über 1 cm Durchmesser werden durch den hohen Druck „kantengerundet, ihre Oberflächen poliert und weisen Kritzer auf"

(WILHELM, 1975: 150) und werden als Geschiebe bezeichnet. Bei vorstoßenden Gletschern wird Material von Vorstoßschottern[5] in die Untermoräne aufgenommen. „Es finden sich also auch gut gerundete fluviatile Gerölle als Grund- [Unter-] und Stauchmoränenablagerungen" (WILHELM, 1975: 150).

**b) Obermoräne**

Obermoränen finden sich bei Gebirgsgletschern fast vorwiegend im Zehrgebiet, da der auf das Nährgebiet gestürzte Gesteinsschutt durch Schneeakkumulation überdeckt wird. Im Zehrgebiet tritt der Gesteinsschutt durch die verstärkte Ablation an die Oberfläche aus und kann teilweise die komplette Eisschicht überdecken. Die Obermoräne besteht allerdings nicht ausschließlich aus Elementen, die durch die Gletscherbewegung vom Nährgebiet ins Zehrgebiet verfrachtet wurden, sondern auch aus Schutt, der von Bergstürzen und Steinschlägen der Obermoräne zugeführt wurde. Im Gegensatz zum Material der Untermoräne zeichnet sich der Obermoränenschutt durch seine kantigen, wenig beanspruchten Formen aus. Das Moränenmaterial ist sowohl an der Oberfläche als auch im Inneren der Eisschicht nicht so starken Druckverhältnissen ausgesetzt wie das Material der Untermoräne und bleibt somit in seiner Form annähernd beständig. Der Gesteinsschutt „wird nur allenfalls zerstreut, auseinandergezogen oder zusammengedrängt, durch Schmelzwasser ausgewaschen, durch wiederholtes Gefrieren und Auftauen, zufolge der starken Durchfeuchtung, stärker aufbereitet" (KLEBELSBERG, 1948: 157). Deshalb ist es nicht verwunderlich, dass sich im Obermoränenschutt häufig Gesteinsblöcke bis zu vielen Kubikmetern befinden.

**c) Innenmoräne**

Mit dem Begriff Innenmoräne wird Moränenmaterial bezeichnet, das intraglazial vom Gletscher transportiert wird. Es gelangt entweder über Gletscherspalten und Scherflächen oder dadurch, dass Neuschneedecken das bereits abgelagerte Schuttmaterial bedecken, ins Innere des Gletschers (Vgl. 4.3 b)). Bei Innenmoränen unterscheidet man den High- Level- und den Low- Level- Transport (Vgl. Abb. 10). High- Level- Transport bedeutet, dass Moränenmaterial der Innenmoräne über Scherflächen an der Gletscherzunge wieder der Obermoräne zugeführt wird. Beim Low- Level- Transport werden untere Teile der Innenmoräne durch den Abschmelzprozess der Untermoräne beigemengt (Vgl. KUHLE, 1991). Wie bereits bei der Obermoräne erwähnt, werden die Gesteinsblöcke und das mit-

---

[5] glazifluviale Sedimentablagerungen vor dem Gletscher

geführte Schuttmaterial nicht so stark deformiert, wie das Material der Untermoräne. Der Schutt ist also kantig und nicht durch große Drucklast deformiert.

### d) Seitenmoräne

Als Seitenmoräne wird bei einem Gebirgsgletscher das am Gletscherrand transportierte Schuttmaterial bezeichnet. Es stammt nicht nur von Steinschlägen, Bergstürzen oder aus der glazialen Bearbeitung der Seitenhänge, sondern wird auch durch Material der Unter- moräne genährt, das der Seitenmoräne zugeführt wird „und infolge der dort stärkeren Ablation im Bereich des Zehrgebietes austaut" (ZEPP, 2003: 197). Die Seitenmoränen ei- nes Gletschers befinden sich auf derselben Höhe wie der Gletscher. Wenn der Gletscher abschmilzt, werden die zurückgelassenen Seitenmoränen als Ufermoränen bezeichnet (siehe Abb. 11, Nr.1). Ihre Wälle ragen über die bestehende Gletscherfläche empor und kennzeichnen den bisherigen Höchststand der Vergletscherung. Fließen zwei Gletscher aus verschiedenen Tälern in einem Haupttal zusammen, werden die vereinigten Seitenmo- ränen aufgrund ihrer dann bestehenden Lage Mittelmoräne genannt (Abb. 11, Nr.2).

Abb. 11: Verschiedene Arten von Moränen auf und am Gornergletscher, Wallis, Schweiz: 1 - Ufermoränen, 2 - Mittelmoränen, 3 - Endmoräne (abgelagert von einem Kargletscher in der Kleinen Eiszeit. Von diesem Gletscher ist nur noch ein kleiner Rest links oberhalb der Zahl "3" vorhanden). Quelle: http://swisseduc.ch/glaciers/glossary/moraine-de.html (14.11.2006)

### e) Endmoräne

Endmoränen oder auch Stirnmoränen entstehen, wenn ein Gletscher über längere Zeit stationär bleibt. Ähnlich der Ufermoräne ragt die Endmoräne als Wall über ihre Umgebung auf und ist charakterisierend für den ehemaligen Höchststand des Gletschers. Ihre Höhe schwankt zwischen 5 und 100 m, ihre Länge kann auch mehrere Kilometer überschreiten; das ist abhängig von der Menge des abgelagerten Materials und davon, wie lange das Gleichgewicht zwischen Eisnachschub und Ablation bestand. Die Endmoräne ist aus Materialien der verschiedenen Moränen aufgebaut. „Solange sich der Gletscher vorwärts bewegt, wird die Obermoräne zum Gletscherende transportiert und dort zusammen mit der bis hierher geschobenen Grundmoräne als Endmoräne abgelagert" (SCHREINER, 1997: 28). Bei Endmoränen werden allerdings noch mal zwei verschiedene Typen unterschieden:

„Im einfachsten Fall schmilzt das glazigen transportierte Geschiebe an der Gletscherstirn aus" (ZEPP, 2003: 198) und die bereits erwähnten Wälle können sich aufgrund der immer noch bestehenden Gletscherbewegung bilden, das heißt der Gletscher führt trotz seiner stationären Lage weiterhin Schuttmaterialien an die Gletscherfront. SCHREINER (1997) spricht in diesem Fall von einer Ablationsmoräne, die aus abgelagerter Ober- und Innenmoräne besteht und sich bildet, wenn der Gletscher stagniert (S. 28). Wenn der Gletscher nach der Bildung des Walls abschmilzt und nicht wieder vorstößt, bleibt die markante Geländeform der Endmoräne zurück. In diesem Fall spricht man von einer Satzendmoräne (siehe Abb. 12 a).

Die zweite typische Form einer Endmoräne ist die Stauchendmoräne (siehe Abb. 12 b). Der Druck des Gletschers auf das vorgelagerte Material ist hier enorm. Ältere Ablagerungen werden von der vorstoßenden Gletscherzunge unter hohem vertikalem und horizontalem Druck aufgestaucht und überformt. Voraussetzung für die Bildung einer Stauchendmoräne ist also das Oszillieren der Gletscherzunge, durch das mehrere hinter- und übereinander liegende Endmoränenwälle gebildet werden. Stauchmoränen finden sich häufig in Randgebieten der pleistozänen Vergletscherung, wie zum Beispiel der Muskauer Faltenbogen in Brandenburg/ Polen (siehe Abb. 13). Er ist eine Stauchendmoräne der Saale- Eiszeit. Die früher horizontal lagernden, braunkohlehaltigen Schichten wurden durch den gewaltigen Druck der über tausend Meter hohen Gletschermassen aufgefaltet und gestaucht. Die hufeneisenförmige Gestalt des Bogens bezeichnet die Form der Gletscherzunge des Muskauer Gletschers[6].

---

[6] Vgl. http://www.strittmatter-verein.de/seiten/faltenbogen.htm (14.11.2006)

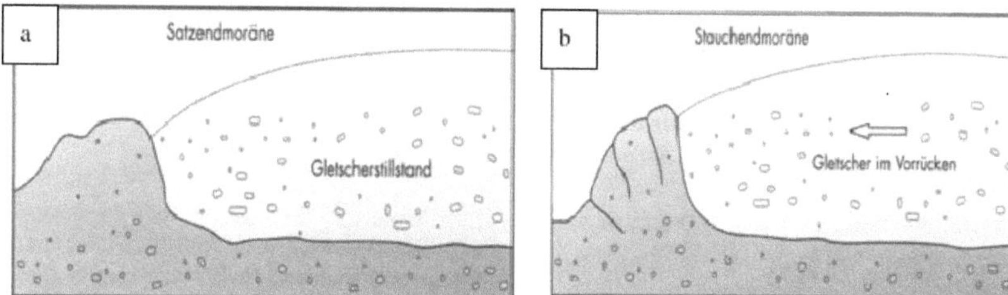



Abb. 12: Unterscheidung zwischen Satzendmoräne bei Gletscherstillstand und Stauchendmoräne beim Vorrücken des Gletschers. Quelle: Fraedrich W. (1996) Spuren der Eiszeit. Landschaftsformen in Europa. Berlin, S. 66.

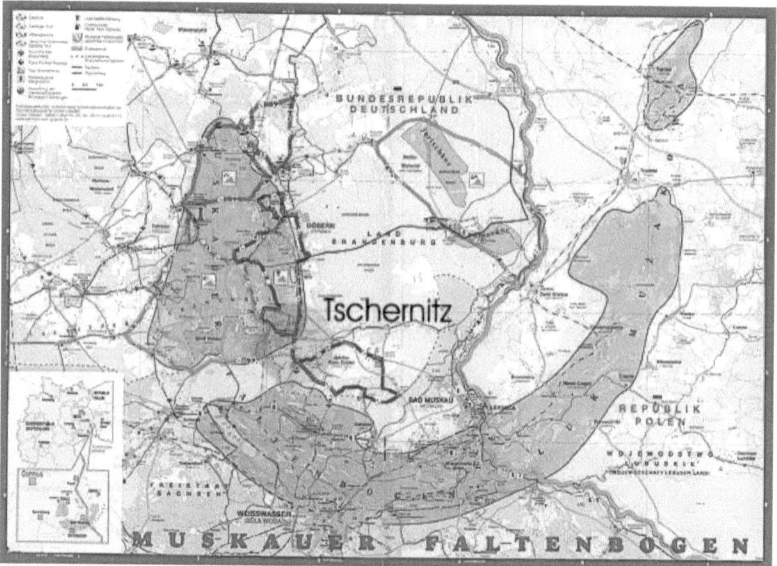



Abb. 13: Karte der Stauchendmoräne „Muskauer Faltenbogen" bei Tschernitz.

Quelle: http://www.gemeinde-tschernitz.de/Detailbilder/wanderkarte-Lausitz-Tschernitz.html (13.11.2006)


## 4.4 Grundmoränenlandschaft/ Glaziale Serie

Der Begriff „Glaziale Serie" wurde von Albrecht Penck und Eduard Brückner in ihrem Werk ‚Die Alpen im Eiszeitalter' (1901 – 1909) geprägt. Die Glaziale Serie beschreibt „die idealtypische Anordnung und Abfolge glazialer und glazifluvialer Formen und Sedimente in Landschaften [des Alpenvorlandes, Anmerkung des Verfassers], deren Relief in der Vergangenheit durch ehemalige Eisrandlagen geprägt wurde" (ZEPP, 2003: 201). Die Grundmoränenlandschaft bildet den ersten Teil der Glazialen Serie. In ihr finden sich typische Landschaftsformen wie Toteislöcher und Zungenbecken. Dieser Teil der Grundmoränenlandschaft ist die kuppige Grundmoräne, an die sich in Richtung der ehemaligen Vergletscherung die flache Grundmoräne anschließt. Die charakteristische Geländeform der Grundmoräne (Kuppen- und Kessel- Landschaft) entsteht durch die Oszillation der Gletscherzunge. Durch das Vor- und Zurückweichen der Gletscherfront, werden immer wieder Eisblöcke vom Gletscher abgetrennt, so genannte Toteisblöcke (siehe 4.4.1), die die typischen Kessel bilden. Auch die Anreicherung des Moränenmaterials an der Zunge des Gletschers führt zur Bildung der charakteristischen Geländeform. Mit der Entfernung vom Eisrand wird die Landschaft zunehmend flacher, da das Niedertauen der Eismassen mehr oder weniger linear von statten ging und die mitgeführten Materialien meistens flach und ungeschichtet abgelagert wurden (Vgl. AHNERT, 2003: 367). Weitere Formen, die im Bereich der Grundmoräne auftreten und im Folgenden ausgeführt werden, sind: Toteislöcher, Zungenbecken und Drumlins.

Auf die Grundmoränenlandschaft folgt in der glazialen Serie die Endmoräne (siehe 4.3 e)). Auch sie ist häufig mit Toteislöchern versetzt, da durch die Oszillation der Gletscherzunge Teile des Eises hier abgetrennt wurden. Hinter der Endmoräne liegen die Sander-/ Schotterfluren. Wenn die Gletscherbäche von abschmelzenden Gletschern die Endmoräne durchdringen, werden im Vorfeld der Endmoräne Schmelzwassersedimente abgelagert. In Norddeutschland werden die Sedimente als Sander bezeichnet, das heißt es handelt sich um feines, verfrachtetes Material. Im Alpenvorland sind es die Schotter. Hier fehlte der lange Weg zur Ausbildung von Sander. In Norddeutschland schließt sich an die Sanderfluren das Urstromtal an. In ihm vereinigen sich die Flüsse und fließen nach Westen zur Nordsee ab. Im Alpenvorland konnten die Schmelzwässer ungehindert in den bereits bestehenden Tälern abfließen (Vgl. ZEPP, 2003: 201).

## 4.4.1 Toteis

Wenn der Gletscher schnell abschmilzt, bleiben häufig unter Schuttschichten der Gletscherzunge Eisbrocken an der Gletscherfront liegen, die keine Verbindung mehr zum Gletscher haben und sich nicht mehr bewegen, daher der Name Toteis. Durch fluviale Ablagerungen, die bei der Gletscherschmelze entstehen, werden die Toteisblöcke zusätzlich mit Sedimenten überdeckt. Das Toteis ist durch die aufliegende Masse vor der Sonneneinstrahlung geschützt und schmilzt somit wesentlich langsamer ab, als die Umgebung (siehe 3.3.1). Wenn der Toteisblock geschmolzen ist, sackt die überlagernde Geländeform nach und es ist ein so genanntes Toteisloch entstanden. Kleine Toteislöcher haben eine meist regelmäßig rundliche

Form und können bis zu 10 m tief werden. „[…] große Toteismassen hinterlassen unregelmäßiger geformte Wannen oder Kessel" (AHNERT, 2003: 367).

### 4.4.2 Zungenbecken/ Zungenbeckenseen

Zungenbecken entstanden während der pleistozänen Vergletscherung besonders im Bereich von Gletscherzungen der Vorlandgletscher, die aus dem Gebirge strömten, aber auch in den Randbereichen der großen Inlandeismassen z.B. in Nordbrandenburg oder an der Ostsee. An der Gletscherstirn wird durch Exaration[7] Lockermaterial zusammengeschoben und gefaltet; im Bereich der Gletscherzunge entsteht eine wannenartige, lang gestreckte Hohlform, die durch das aufgeschobene Lockermaterial, die Endmoränenwälle, begrenzt wird. Nach dem Abschmelzen des Gletschers werden Zungenbecken die lokalen Erosionsbasen. Sowohl Schmelzwässer als auch andere Flüsse sammeln sich im Zungenbecken. Es entsteht ein Zungenbeckensee, wie z.B. der Starnberger See im Alpenvorland von Bayern. Durch die hohe Sedimentzufuhr aus den Schmelzwässern und Flüssen können Zungenbeckenseen leicht verlanden. Ein gutes Beispiel dafür ist das Rosenheimer Becken, das von mächtigen Endmoränen (z.B. dem Irschenberg) begrenzt ist. Dieses Zungenbecken entstand in der Würm- Eiszeit durch den Inn- Gletscher und füllte sich nach dem Abschmelzen mit Wasser auf. Durch die hohe Sedimentfracht wurde eine 150m mächtige Schicht von Seetonen, Sanden und Schottern abgelagert. Dies war die Voraussetzung für die Verlandung des Rosenheimer Sees[8].

### 4.4.3 Drumlins

Drumlins (vom irischen Wort „druim"= Rücken) sind stromlinienförmige Hügel die aus Lockermaterialien der Grundmoräne bestehen, und deren Gestalt „einer umgekehrten Löffelschale ähnelt" (AHNERT, 2003: 367). Sie sind oft einige hundert Meter lang, ungefähr 1/3- bis 1/2-mal so breit wie lang und zwischen 10 und 60 m hoch (Vgl. SCHREINER, 1997: 18). Drumlins verlaufen parallel zur ehemaligen Fließrichtung des Gletschers und treten stets in Schwärmen im Bereich der Grundmoränenlandschaft auf. Das dem Gletscherfluss entgegengestellte Ende des Drumlin ist steiler als das leeseitige Ende.

Es gibt verschiedene Ansätze für die Entstehung eines Drumlin. Diese Ansätze werden von SCHREINER (1997) wie folgt ausgeführt: „Bei den wenigen [Drumlins], die aufge-

---

[7] Nichtglazigene Lockergesteine und anstehende Festgesteine werden im Bereich der Gletscherstirn aufgeschürft und aufgefaltet.
Quelle: http://mars.geographie.uni-halle.de/glossar/glossar_win.php?begriff=Exaration&typ=suche
[8] Quelle: http://www.bnro.de/~dfuchs/umweltgruppe/Exkursionen/weitmoos.html

schlossen sind, zeigt sich in manchen Fällen, daß glaziale Erosion die Drumlinform geschaffen hat [...]. Manchmal zu beobachtende schlieren- und faltenartige Strukturen in Drumlins verweisen auf die Ausführung von BOULTON (1987), wonach Drumlins durch viskose bis plastische Deformation von Sedimenten (meist Grundmoräne) gebildet wurden (ELLWAN-GER, 1990). Es gibt auch Befunde, die darauf hinweisen, daß einige Drumlins sedimentär durch kiesige Füllung von Hohlräumen unter dem Eis entstanden sind (SHARPE 1987: 210)." (SCHREINER, 1997: 19). Es erweist sich also zum gegebenen Zeitpunkt als schwierig, eine eindeutige Erklärung für die Entstehung der Drumlins zu liefern. Allerdings ist die am meisten angeführte Erklärung, jene, die besagt, dass Drumlins beim Überfahren der zu einem früheren Zeitpunkt abgelagerten Grundmoräne (zum Beispiel die Grundmoräne der Riss- Eiszeit) bei einem erneuten Gletschervorstoß (zum Beispiel in der Würm- Eiszeit) entstehen, indem bereits abgelagertes glaziales oder glaziofluviales Material überfahren wurde und die typischen stromlinienförmigen Hügel gebildet wurden.

## 5. Glazifluviale Prozesse, Ablagerungen und Formen

Glazifluviale (oder auch glaziofluviale) Prozesse, Ablagerungen und Formen entstehen durch Schmelzwässer der Gletscher, sind also im Gegensatz zu fluvialen Systemen auf das Vorhandensein eines Gletschers angewiesen. Nicht nur die glazialen Prozesse und Abtragungs- sowie Ablagerungsformen spielen beim Thema Gletscher eine große Rolle. Alle glazifluvialen Prozesse an einem Gletscher sind von besonderer Bedeutung für die Bildung von Formen und Ablagerungen.

### 5.1 Die Arbeit der Schmelzwässer

Für die Bildung von Schmelzwässern müssen zwei grundlegende Voraussetzungen vorhanden sein: erstens kann es nur zur Entwicklung von Schmelzwässern kommen, wenn genügend Energie für den Schmelzprozess vorhanden ist, das heißt: „An der Gletscheroberfläche hängt das Einsetzen, die Intensität und die Dauer des Schmelzens von der Lufttemperatur ab" (AHNERT, 2003: 369) und zweitens kann der Schmelzprozess auf einem aperen Gletscher aufgrund der niedrigeren Rückstrahlungswerte schneller von statten gehen als auf einem schneebedeckten Gletscher, dessen Albedo- Wert zwischen 80 und 85% liegt[9] (siehe 3.2). Auf einem schneefreien Gletscher können bis zu 10 cm Eis an einem warmen Sommertag schmelzen (Vgl. SLUPETZKY, 2005: 44). Das dabei bereitgestellte Schmelzwasser fließt auf der Oberfläche des Gletschers teilweise mäandrierend in kleinen Rinnen, die das Wasser aufgrund der höheren Temperatur im Vergleich zum Gletscher gebildet hat, ab. Auf dem Gletscher abgelagertes Material kann vom Schmelzwasser aufgenommen und mitgeführt werden, falls die Korngröße nicht zu groß für die Fließgeschwindigkeit ist (Vgl. AHNERT, 2003: 369). An Gletscherspalten dringt das Oberflächenwasser ins Eis ein. Durch turbulentes Strudeln des herabstürzenden Wassers können die transportierten Ablagerungsmaterialien Formen ausbilden, die den fluvialen Kolken (Strudeltöpfe) ähneln: die Gletschermühlen. Das vom Wasser transportierte Material (Sande, Kiese, kleinere Steine) wirkt wie ein Mahlstein auf die Seiten der Gletschermühle und wird durch abschleifende Prozesse des Wassers selbst gerundet. Gletschermühlen können bis auf den Untergrund wirken. Die Gletschersohle wird von den mitgeführten „Mahlsteinen" mit Fließgeschwindigkeiten von bis zu 200 km/h bearbeitet und es entstehen kreisförmige, teilweise auch spiralförmige Vertiefungen im Gestein, die so genannten Gletschertöpfe[10]. Auf seinem Weg durch den Gletscher fließt das Schmelzwasser schließ-

---

[9] Quelle: http://www.atmosphere.mpg.de/enid/3__Sonne_und_Wolken/-_Albedo_3ao.html
Vgl. dazu: Der Albedo- Wert einer Altschneedecke liegt bei 45- 70 %, der von Meereis bei 30- 40 %. Quelle: http://www.eduspace.esa.int/subtopic/default.asp?document=298&language=de
[10] Quelle: http://www.gletschergarten.ch/de/info/1_gletschertopf/material/Gletschertopf.pdf

lich in verschiedenen Rinnen unter dem Gletscher ab, bis es an der Gletscherzunge aus dem Gletschertor gebündelt austritt und dort in Form eines Gletscherbachs ausströmt.

## 5.2 Oser

Der Begriff Oser (Einzahl: Os) kommt aus dem Schwedischen und bezeichnet eine bahndammähnliche Aufschüttung von sortierten, geschichteten Schmelzwassersanden und -kiesen, die bis zu 30 m Höhe erreichen und deren Ausmaß sich über mehrere Kilometer erstrecken kann, aber sogar auch bis zu 100 km lang werden (z.B. das Uppsala Os) (Vgl. ZEPP, 2003: 201 und AHNERT, 2003: 370). Oser entstehen durch die Arbeit subglazialer Schmelzwässer. Das Oberflächenschmelzwasser kann über Spalten und Risse in den Gletscherkörper eindringen und sich seinen Weg bis an die Gletscherbasis schaffen. Dort angelangt, fließen die Schmelzwassermassen in Gletschertunnels bis ans Ende des Gletschers und dort aus dem Gletschertor. Beim Durchfließen des Gletschertunnels werden die an der Gletscherbasis vorhandenen Schuttablagerungen (Untermoräne) vom Schmelzwasser aufgenommen und an den Seiten des Gletschertunnels und in seinem Inneren abgelagert. So wird der gesamte Gletschertunnel aufgeschottert und nach Abschmelzen des Eises bleibt die bahndammähnliche Schottererhebung, das Os, zurück. Allerdings kann ein Os nur entstehen, wenn der Gletscher stagniert beziehungsweise abschmilzt, da ein sich bewegender Gletscher das bereits entstandene Os überfahren und zerstören würde. Deshalb kommt es besonders in Endphasen einer Eiszeit zur Bildung der Oser (Vgl. AHNERT, 2003: S. 370).

## 5.3 Kames

Der Begriff Kame stammt aus dem Schottischen und bedeutet „steilhängiger Hügel aus Lockermaterial". Kames können ähnlich wie die Oser zwischen 10 und 20 m hoch werden, ihre horizontale Ausdehnung ist allerdings auf einige Hundert Meter beschränkt. Es gibt mehrere verschiedene Ansätze zur Entstehungsgeschichte eines Kame. Die am häufigsten Dargestellten werden im Folgenden ausgeführt.

1. Die Bildung eines Kame ist an eine zurückweichende Gletscherzunge und an reichlich vorhandenes Obermoränenmaterial gebunden. Durch den Gletscherrückzug werden die auf der Oberfläche der Gletscherzunge abgelagerten Schuttmaterialien abgesenkt und abgesetzt (Vgl. KUHLE, 1991: 147).

2. Die in Gletscherspalten eingedrungenen Schuttmaterialien (Ober-/ Innenmoräne) werden nach dem Abschmelzen des Gletschers ungeschichtet am Untergrund abgelagert und bilden ein Kame (Vgl. AHNERT, 2003: 370).

3. Der wohl am meist verbreitete Ansatz zur Entstehung eines Kame geht auf die Arbeit von Schmelzwässern zurück. Da das Lockermaterial innerhalb eines Kame in den meisten Fällen geschichtet ist, kann man darauf schließen, dass das Material fluvial/ glazifluvial verfrachtet und abgelagert sein muss. Ein Beispiel für diese Entstehung sind die Kames von Krankenhagen- Möllenbeck[11]. Bei ihrer Entstehung wird vorausgesetzt, dass die Schmelzwässer des abtauenden Inlandeises durch ein Stauhindernis im Bereich der Endmoräne nicht abfließen konnten und somit genug Material ablagern konnten, dass sich eine hohe Sedimentschicht mit teilweise eingeschlossenen Toteisblöcken bilden konnte. Nach Abfließen der Schmelzwässer und Abschmelzen der Toteisblöcke ist die typische, kuppige Kamesoberfläche entstanden.

## 5.4 Kamesterrassen

Kamesterrassen sind ausschließlich glazifluvial entstandene Geländeformen. Sie werden nicht subglazial wie die Kames gebildet, sondern entwickeln sich dadurch, dass Schmelzwasserflüsse „an den Seiten von Talgletschern in der Furche zwischen dem Gletscher und dem angrenzenden Talhang" (AHNERT, 2003: 370) Materialien ablagern. Durch das Abschmelzen der Gletscher wird die Materialfracht in den randlichen Schmelzwasserflüssen gesteigert und es kann mehr Material akkumulieren. Ist der Gletscher abgeschmolzen, fehlt die Zufuhr von Schmelzwasser und die abgelagerten Materialien bilden eine Terrasse, deren Ränder in Richtung Tal abgerutscht sind, da der Gletscher nicht mehr als Stütze fungieren kann[12].

---

[11] http://www.nlfb.de/geologie/downloads/geotope/Kames.pdf
[12] http://www.webgeo.de/beispiele/rahmen.php?string=1;g_044;6;;;;

## 6. Zusammenfassung

Zusammenfassend ist zu sagen, dass es eine Vielzahl an Formen gibt, die auf einem Gletscher, vor einem Gletscher oder unter einem Gletscher gebildet werden. Die Formen, die durch das Vorhandensein eines Gletschers entstehen, prägen das Landschaftsbild enorm. Sei es durch die verschiedenen Ablationsformen, die Moränenwälle, die Formen der glazialen Erosion oder durch die glazifluvial entstandenen Formen: der Gletscher hat einen besonderen Einfluss auf das Relief.

Insbesondere die Gletscherzunge bildet einen Bereich des Gletschers, der eine Vielzahl an Forschungsmöglichkeiten bietet. Während der Recherche für diese Hausarbeit, sind häufig einzelne Themenfelder aufgetreten, deren Erforschung noch nicht vollständig abgeschlossen ist. Wie in der Arbeit dargestellt, sind sich die Forscher teilweise nicht einig, wenn es um die Entstehung einzelner Formen geht. Zu nennen sind hierbei neben den Kames (siehe 5.3) auch die Drumlins (siehe 4.4.3). Aber auch bei den Ablationsformen gibt es Unstimmigkeiten in der Forschungswelt. Teilweise werden in der Literatur die Mittagslöcher den Kryokonitlöchern gleichgesetzt und somit zu den Formen der bedeckten Ablation gezählt. Es wird behauptet, dass Mittagslöcher durch auflagernde Schlammschichten entstehen, die zum Ausschmelzen der Hohlform führen. Aus den Unklarheiten in der Entstehungsgeschichte dieser Formen wird ersichtlich, dass immer noch ein großer Forschungsbedarf besteht, wenn es um die Klärung solcher Phänomene geht.

Abschließend ist zu sagen, dass in der vorliegenden Hausarbeit deshalb versucht wurde möglichst alle unabgeschlossenen Forschungsfelder zu beleuchten, damit sich der Leser seine eigene Meinung bilden kann oder auch einzelne Ansätze zur Entstehung dieser Formen verwerfen kann. Denn „Forschung ist immer das Weiterforschen, wo andere aufgehört haben, das Weiterbauen auf Grundsteinen und Gerüsten, die andere vorbereitet haben, und damit allerdings leider zugleich auch mitunter das Weitergehen auf Irrwegen, die andere eingeschlagen haben" (Zitat von Hubert S. Markl (*1938), dt. Biologe und Hochschullehrer, 1986-91 Präsident der Deutschen Forschungsgemeinschaft).

## Literaturverzeichnis:

**Literatur:**

AHNERT, F. (2003): Einführung in die Geomorphologie, 3. Auflage, Verlag Eugen Ulmer Stuttgart.

BRUNOTTE, E. (Hrsg.) (2002), Lexikon der Geographie in 4 Bänden, Spektrum Akademischer Verlag, Berlin.

KLEBELSBERG, R. v. (1948): Handbuch der Gletscherkunde und Glazialgeologie: Erster Band Allgemeiner Teil, Springer Verlag, Wien.

KUHLE, M. (1991): Glazialgeomorphologie, Wissenschaftliche Buchgesellschaft, Darmstadt.

MARCINEK, J. (1984): Gletscher der Erde, Edition Leipzig.

MARTIN, Christiane (Hrsg.) (2002), Lexikon der Geowissenschaften in 6 Bänden (2000), Spektrum Akademischer Verlag, Berlin.

SCHREINER, A. (1997): Einführung in die Quartärgeologie, 2. Auflage, E. Schweizerbart'sche Verlagsbuchhandlung, Stuttgart.

SUDGEN, D. & JOHN, B. (1976): Glaciers and Landscape: A Geomorphological Approach, Edward Arnold, London.

TROLL, C. (1942): Büsserschnee (Nieve de los Penitentes) in den Hochgebirgen der Erde, Petermanns Geographische Mitteilungen, Ergänzungsheft Nr. 240.

WILHELM, F. (1975): Schnee- und Gletscherkunde (Lehrbuch der Allgemeinen Geographie), Gruyter Verlag, Berlin.

WILHELM, F. (1976): Hydrologie/Glaziologie, 3. Auflage, Westermann Verlag, Braunschweig.

ZEPP, H. (2003): Geomorphologie, 2. Auflage, Ferdinand Schöningh Verlag, Paderborn.


**Zeitschriften:**

Fachbeiträge des Oesterreichischen Alpenvereins, Serie: Alpine Raumordnung Nr. 27: Bedrohte Alpengletscher, Redaktionelle Bearbeitung: Heinz SLUPETZKY, 2005, Innsbruck.


**Internet:**

http://www.klimaforschung.ch/arbeitsblaetter/Gletscher150.pdf (27.10.2006)

http://www.geo.ed.ac.uk/~hasas/review.html (7.11.2006)

http://wa.slf.ch/index.php?id=6646 (7.11.2006)

http://alpen.sac-cas.ch/html_d/navigati/fr_actu.html (12.11.2006)